Deutscher Verein von Gas- und Wasserfachmännern. E.V.

Verwendung von Gaskoks für Zentralheizungen

BERICHT

über

eine vom Deutschen Verein von Gas- und Wasserfachmännern
bei den Heizungsindustriellen gehaltene Umfrage
auf der Hauptversammlung zu Bremen

erstattet von

Dr. E. Schilling
Vorsitzender der Heizkommission.

Mit einer Tafel

Zweite, unveränderte Auflage

München und Berlin 1910
Verlag von R. Oldenbourg

Verwendung von Gaskoks für Zentralheizungen.

Bericht

über eine vom Deutschen Verein von Gas- und Wasserfachmännern
bei den Heizungsindustriellen gehaltene Umfrage auf der Hauptversammlung zu Bremen

erstattet von Dr. E. Schilling Vorsitzender der Heizkommission.

Die Heizkommission Ihres Vereins hat es sich angelegen
sein lassen, die Verwendung von Gaskoks für Zentralheizungen
im abgelaufenen Jahre weiter zu fördern.

Sie hat zu diesem Zwecke bei den Mitgliedern des Ver-
bandes deutscher Zentralheizungsindustrieller eine Umfrage
über deren Erfahrungen mit Gaskoks veranstaltet, über die
im folgenden berichtet werden soll.

In der dieser Broschüre am Schlusse beigefügten Tafel
finden sich die Beantwortungen der Fragebogen in Kürze zu-
sammengefaſst.

Die erste Frage des an die Zentralheizungsindustriellen
gerichteten Fragebogens lautete:

**1. Halten Sie Gaskoks allgemein zur Verwendung in Zentral-
heizanlagen für geeignet?**

Aus der Tafel ist zu ersehen, daſs nur 4 Firmen diese
Frage mit »nein« beantwortet haben. Nr. 10 gibt hierfür
keinerlei Grund an; Nr. 28 steht auf dem Standpunkte, daſs
ein Zentralheizungskoks überhaupt keine Schlacken bilden
soll, und auch Nr. 58 und 82 bemerkt, daſs Zentralheizungskoks
nie schlacken darf, da die Bedienung zu sehr erschwert wird.
Dieser ausschlieſsende Standpunkt wird erfreulicherweise von

1*

all den übrigen Firmen nicht geteilt. Wir sehen aus der Tafel, daß 55 Firmen die gestellte Frage unbedingt mit »ja« beantwortet haben, und unter diesen befinden sich sogar 9, die den Gaskoks bevorzugen bzw. für ebenso geeignet halten als Hüttenkoks. Weiter finden sich 24 Firmen, die den Gaskoks nur bedingungsweise für geeignet halten. Überblickt man diese Bedingungen, so findet man fast in allen die Klage, daß Gaskoks mehr Schlacken gibt als Hüttenkoks, und daß dadurch die Bedienung der Kessel erschwert wird; auch läßt sich erkennen, daß die Beschaffenheit des Kokses nicht nur bei Bezug von verschiedenen Gaswerken eine wechselnde ist, sondern daß sie auch bei Bezügen von einem und demselben Gaswerk schwankt. Einige machen eine gute Sortierung des Gaskokses und eine richtige Korngröße zur Bedingung.

Der Umstand, daß Klagen über die Beschaffenheit des Gaskokses in verschiedenem Maße auftreten, erfährt durch die nächsten Fragen eine nähere Beleuchtung. Wir sehen, daß weitaus die meisten Antworten die zweite Frage bejahen. Diese lautet:

2. Zeigt Gaskoks aus verschiedenen Kohlenbezirken (Saar, Ruhr, Sachsen, Schlesien, England, Böhmen) Unterschiede in der Verwendbarkeit und welche?]

Die Antworten sind in der Tafel in mehrere Spalten zergliedert. Man sieht dort, daß in den meisten Fällen Unterschiede, und zwar oft sehr erhebliche, festgestellt werden. Es ist aber auch zu erkennen, daß vielen Heizungsfirmen die Art der für ihre Anlagen verwendeten Kokssorten und die damit gemachten Erfahrungen nicht bekannt sind.

Hinsichtlich englischer, Ruhr- und schlesischer Kohle lauten die Urteile fast alle günstig, am besten wohl bei englischer Kohle. Über den Koks aus Saarkohle sind die Ansichten geteilt, bei sächsischem Koks überwiegen die ungünstigen Urteile; besonders wird die starke Schlackenbildung hervorgehoben; auch der Koks aus böhmischer Kohle wird ungünstig beurteilt.

Wenn man die Antworten zur dritten Frage:

3. Welche Sorten sind ohne weiteres verwendbar?

überblickt, so kann man hier dicht beieinander ˈdie Antwort »keine« und »alle« finden. Indessen gipfeln doch die meisten Antworten darin, daſs alle Sorten verwendbar sind, und daſs nur der erzielte Effekt und der aufzuwendende Grad der Bedienung je nach Beschaffenheit des Kokses wechselt. Man findet auch, daſs der sächsische Koks als verwendbar bezeichnet wird. Es dürfen uns also die von manchen Firmen geführten Klagen über die Beschaffenheit des Gaskokses nicht abschrecken, unsere Bestrebungen, dem Gaskoks erhöhte Verwendung für Zentralheizungen zu verschaffen, energisch fortzusetzen. Anderseits aber dürfen wir uns der Erkenntnis nicht verschlieſsen, daſs die Beschaffenheit des Gaskokses an manchen Plätzen zu wünschen übrigläſst, und daſs es unsere Aufgabe ist, soweit es in unseren Kräften steht, auf eine Verbesserung des Gaskoks hinzuwirken.

Die Frage 4 lautet:

4. In welchen Sorten müßte die Beschaffenheit verbessert werden?
(Größere Härte und Dichte, geringerer Aschen- und Schiefer-
gehalt?)

Aus den Antworten ist wiederum zu sehen, daſs in erster Linie der sächsische und böhmische Koks, dann aber auch der Saarkoks genannt wird. Abgesehen von besonderen Kohlensorten, wird in vielen Fällen ganz allgemein eine gröſsere Härte, ein geringerer Aschen- und Schiefergehalt, geringere Schlackenbildung, Reinheit des Kokses von Staub und Grus und eine passende Stückgröſse als wünschenswert bezeichnet.

1. Die Härte. Über die Eigenschaften des Gaskokses sind wir Gasfachleute wohl ebensogut oder besser unterrichtet als unsere Abnehmer. Wir wissen, daſs zur Gasbereitung eine gasreichere Kohle verwendet wird als für die Kokereien also eine Kohle, die mehr flüchtige Produkte und weniger Koks liefert. Wir wissen, daſs, entsprechend dem höheren Gas-

gehalt und der rascheren Entgasung der entstehende Koks poröser und leichter ist als der Hüttenkoks. Hieraus folgt, daß ein und derselbe Füllschacht mit Gaskoks gefüllt weniger Heizwert enthält, als in der gleichen Raummenge Hüttenkoks enthalten ist. Dies ist für den Gaskoks ein Nachteil. Wir werden aber später sehen, daß heute schon die meisten Kesselfabrikanten diesem Umstand bei ihren Konstruktionen Rechnung tragen, daß hierin also irgendwelches Hindernis für die Verwendung von Gaskoks nicht zu erblicken ist.

Die neuesten Fortschritte in der Gasbereitung haben gezeigt, daß es auch uns möglich ist, einen dichteren Koks zu liefern, wenn wir unsere Kohle in höheren Schichten vergasen. Sowohl die bisherigen Mitteilungen über den Vertikalofen als auch die Versuche mit Kammeröfen haben gezeigt, daß der so gewonnene Koks dichter, härter und auch grofsstückiger ist als der gewöhnliche Gaskoks. Etwas gröfsere Härte ist beim Gaskoks schon aus dem Grunde wünschenswert, weil weicher Koks beim Lagern rasch zerfällt und viel Grus und Staub bildet. Dieser hindert aber nicht nur den Luftdurchzug in der Feuerung, er gibt auch leicht zu erhöhter Schlackenbildung Anlafs. Wenn also einerseits eine gröfsere Härte erstrebenswert ist, so darf diese doch wieder nicht zu grofs sein. Gerade die poröse Beschaffenheit des Gaskokses erleichtert die Berührung der Luft mit der Oberfläche der einzelnen Koksteilchen und ermöglicht auch bei geringerem Zug eine leichte Verbrennung. In einigen Fragebogen, z. B. in Nr. 59, wird bezüglich der Härte bemerkt, daß bei allen Sorten Gaskoks etwas mehr Härte und Dichte — jedoch nicht zu viel — wünschenswert sei, da sonst zu einer richtigen Verbrennung ein sehr hoher Schornstein erforderlich ist. Gerade der Gaskoks, wie er in Vertikalretorten und Kammeröfen gewonnen wird, scheint also besonders berufen zu sein, für Zentralheizungen ein vorzüglich geeignetes Brennmaterial zu liefern.

Wenden wir uns zu der weiteren wichtigen Frage, was die Gaswerke zur Verringerung des Aschen- und Schlackengehalts tun können, so mufs zunächst streng unterschieden werden zwischen Schiefer, Asche und Schlacke.

2. Schiefer. Die auf den Gaswerken meist verwendete Förderkohle enthält oft wechselnde Mengen von Schiefer, der bei der Verbrennung in Form mehr oder weniger grofser unverbrennlicher flacher Steine auf dem Rost liegen bleibt und den Zug derart hemmt, dafs die Feuerung unter Umständen er-lischt. Solche Schiefer sind zumeist in den grofsen Kohlen-stücken enthalten, auf deren Lieferung viele Gaswerke deshalb Wert legen, weil sie beim Lagern weniger an Wert verlieren. Anderseits wird aber heute schon auf Gaswerken mit me-chanischem Kohlentransport sehr viel Kohle in zerkleinertem Zustande gelagert, und es dürfte wohl kaum ein Zweifel darüber bestehen, dafs eine gewaschene Nufskohle weniger Schiefer enthält als eine grofsstückige Förderkohle. Soweit also die Gaswerke in der Lage sind — ähnlich den Kokereien — gewaschene Nufskohle zu ver-wenden, werden sie der Verwendung des Gaskokses zu Zentralheizungen sicherlich Vorschub leisten, wenn sie den aus diesen Kohlen gewonnenen Koks für diesen Zweck zurückbehalten. Wo Stückkohle verarbeitet wird, dürfte eine regelmäfsige Kontrolle der Kohle hinsichtlich ihres Schiefer- bzw. Aschen-gehaltes von Wert sein, und gewifs würden die Kohlen-lieferanten auf diesen Punkt erhöhtes Augenmerk richten, wenn seitens der Gaswerke bei auffallend hohem Schiefer- und Aschengehalt der gelieferten Kohle stets reklamiert würde.

3. Asche. Was hinsichtlich der Schiefer gesagt wurde, gilt auch bezüglich des Aschengehaltes. Gewaschene Nufs-kohle wird auch in dieser Beziehung besseren Koks für Zentralheizungen liefern als Förderkohle. Soweit aber letztere verwendet werden mufs, dürfte auch hier eine regelmäfsige Kontrolle und rechtzeitige Beschwerde bei den Kohlenwerken von Nutzen sein. Im übrigen ist ein etwas höherer Aschengehalt des Kokses nicht von besonderem Nachteil, vielmehr kommt es darauf an, in welchem Mafse die Asche schmilzt und Schlacke bildet.

4. Schlacke. Es ist aus der Zeit der Einführung der Generatorfeuerung in den Gaswerken her wohl bekannt, welche Schwierigkeiten die Entfernung der Schlacken anfangs bereitete. Die Feuerungstechnik hat sie überwunden. Ebenso ist es auch in erster Linie Sache der Zentralheizungstechniker, ihre Feuerungen so einzurichten, daß ein Schmelzen der Asche tunlichst verhindert oder wenigstens nicht störend empfunden wird. Die Ansichten der wenigen, die sagen, daß ein Zentralheizungskoks überhaupt nicht schlacken darf, sind bereits durch die große Zahl derer überflügelt, die, mit der unvermeidlichen Tatsache rechnend, ihre Feuerungen danach eingerichtet und damit die besten Erfahrungen gemacht haben. Ehe wir jedoch zu der Konstruktion der Feuerungen übergehen, haben wir uns noch zu fragen, ob nicht auch seitens der Gaswerke etwas geschehen kann, um die Schlackenbildung möglichst hintanzuhalten. Es ist noch von den Münchener Generatorversuchen her erinnerlich, daß die Schmelzbarkeit verschiedener Koksaschen eine sehr verschiedene ist. Der Koks aus sächsischer Kohle zeigte nach diesen Versuchen die größte Schmelzbarkeit. Dem entsprechen auch die bereits mitgeteilten Angaben der Fragebogen, aus denen zu entnehmen ist, daß sächsischer Koks stark schlackt, eine glasige Schlacke liefert und die Kessel stark angreift. **Gaswerke, die nicht ausschließlich auf sächsische Kohlen angewiesen sind, werden also gut tun, wenn sie den Koks aus anderen Kohlensorten für Zentralheizungszwecke abgeben.** Die schwer schmelzbarste Koksasche lieferte nach den Generatorversuchen die Ruhrkohle, während die englische, Saar- und oberschlesische Kohle zwischen dieser und der sächsischen Kohle steht. **Man hat es also bis zu einem gewissen Grade in der Hand, durch Wahl und richtige Mischung der Kohlensorten auf den Grad der Schmelzbarkeit der Koksasche einzuwirken.**

Bei dieser Gelegenheit sei auch ein anderer wichtiger Punkt besprochen, nämlich die

5. Gleichmäßige Beschaffenheit. Einige Firmen, z. B. Nr. 9, 11, 12, 29, weisen ganz besonders auf die Notwendigkeit

einer gleichbleibenden Beschaffenheit des Gaskokses hin, da
sonst die meist verlangten Garantien für eine bestimmte Leistung
des Kessels bzw. der Anlage nicht eingehalten werden können
und »Prozesse kein Ende nehmen«. Es handelt sich hier
weniger um die Verschiedenheit des Kokses aus verschiedenen
Gaswerken als um die Schwankungen auf ein und demselben
Werk. Letzterem Übelstande könnte wohl dadurch vorgebeugt
werden, daſs man für Zentralheizungszwecke möglichst
den Koks aus einer und derselben Kohlensorte
abgibt. Wenn es sich um Bezüge aus verschiedenen Gaswerken handelt, so wird eine Verschiedenheit in der Beschaffenheit des Kokses nicht zu vermeiden sein. Ich glaube, daſs in
dieser Beziehung sich auch im Hüttenkoks verschiedener Her-
kunft derartige Verschiedenheiten zeigen werden. Zu diesem
Punkt wird seitens einer Firma folgender Vorschlag gemacht:

»Nach meiner Ansicht müſste ein Verzeichnis von Gaswerken angelegt und zur Kenntnis der Heizungsfirmen ge-
bracht werden, welche sich verpflichten, nur ihren Gaskoks
für Zentralheizungsanlagen abzugeben, wenn er noch festzu-
setzende Mindestqualitäten besitzt; andernfalls aber, wenn sie
geringwertige Produkte auf Grund schlechter Kohlen zu er-
zeugen gezwungen sind, offen und ehrlich erklären, daſs er
zurzeit für Zentralheizungen ungeeignet ist.«

In dieser Form wird wohl schwerlich der Anregung ent-
sprochen werden können. Wohl aber dürfte es für die
Heizungsfirmen wie für die Gaswerke von Nutzen sein, wenn
auf groſsen Gaswerken durch deren Chemiker, für kleinere
vielleicht durch die Versuchsanstalt in Karlsruhe, häufigere
Bestimmungen des Heizwerts, des Aschengehalts
und der Schmelzbarkeit der Rückstände ausgeführt
würden und dadurch den Heizungsfirmen bestimmtere Auf-
schlüsse über den Wert des Gaskokses und den Gaswerken ein
Mittel zur Kontrolle der Beschaffenheit ihres Kokses an die
Hand gegeben würde.

6. Sortierung. Nicht geringen Wert legen mehrere
Firmen auf eine gute Sortierung des Gaskokses. Eine Ham-
burger Firma spricht sich hierüber wie folgt aus:

»Nach mehr als zwanzigjähriger Erfahrung, mitunterstützt durch oft sehr eingehende Versuche, habe ich gefunden, daſs seitens der Gasanstalten beinahe durchweg, besonders in kleineren Orten, versäumt wird, eine gute Sichtung und Siebung des Kokses vorzunehmen. So erhält der Abnehmer Stücke von Nuſs- bis Kindskopfgröſse und sehr viel Mull geliefert, verfeuert dann dieses unpassend in Form empfangene Brennmaterial und erzielt Miſserfolge. Ferner lagert der Koks in den Gasanstalten vielfach gegen Regen und Wind ungeschützt, und ich fand bereits mehrfach angelieferten Gaskoks gefroren, d. h. vereist.

Vielfach ist der Bezug für den Konsumenten auch unbequem, da manche Gasanstalten keine Koksfuhren machen, sondern verlangen, daſs er abgeholt werde.

Die Gasanstalten müssen selbst Koks zufahren, und zwar mit Wiegescheinen, und für den Stadtbereich (wichtig für Groſsstädte) monatlich ankündigen, zu welchem Preise sie bis auf weiteres Gaskoks und in welchen Körnungen frei ins Haus liefern. Der Zechenkokslieferant macht es dem Kunden eben bequemer, verkauft auf Abruf frei ins Haus geliefert und garantiert stets gleiche Körnung.«

Als Körnung empfiehlt der Betreffende je nach Kesselgröſse 30×50, 40×60 und 50×70 mm.

Die Art der Lagerung und Aufbereitung des Gaskokses ist auf vielen, besonders den neueren groſsen Gaswerken gewiſs musterhaft durchgeführt; es kann aber nicht geleugnet werden, daſs manche Gaswerke hierauf noch wenig Wert legen. Gerade in dieser verschiedenen Art der Behandlung mag auch ein Grund für die verschieden günstigen Erfahrungen liegen, die mit Gaskoks gemacht werden. Obige Ausführungen verdienen deshalb sicherlich Beachtung. Ich hebe die wichtigsten Punkte hervor: Gaskoks für Zentralheizungszwecke soll trocken und frostfrei gelagert werden; der Lagerplatz soll gut gepflastert sein, damit nicht Steine mit dem Koks geliefert werden; der Koks soll je nach Verwendungszweck zerkleinert und frei von Grus und Staub sein; dem Publikum ist der Koks unter Garantie des Gewichts möglichst

bequem zuzustellen. Der Preis für die verschiedenen
Stückgröfsen ist des öfteren bekanntzugeben. Gaskoks für Zentralheizungen soll stets möglichst
frisch verkauft werden.

Die nunmehr folgenden Fragen des Fragebogens beschäf-
tigen sich mit denjenigen Aufgaben, die seitens der Heizungsfirmen zu erfüllen sind, um die Verwendung von Gaskoks
für Zentralheizanlagen zu ermöglichen bzw. zu erleichtern.

Die nächste Frage lautet:

5. Ist Gaskoks in Ihrem Kesselsystem ohne weiteres verwendbar und zu empfehlen?

Diese Frage ist meist in ähnlichem Sinne wie die Frage 1
beantwortet worden. Nur 4 Firmen haben sie verneint, 22
haben sie unter ähnlichen Vorbehalten hinsichtlich der Beschaffenheit des Kokses bejaht, 45 unbedingt bejaht, 9 Firmen
bevorzugen den Gaskoks, und zwar bemerken sie hierzu
folgendes:

Nr. 1: »Gaskoks halte ich für geeigneter als Hüttenkoks,
weil er Rost und Kessel nicht so stark angreift.«

Nr. 6: »Wir bevorzugen Gaskoks gegenüber dem Hüttenkoks.«

Nr. 33: »Wir halten Gaskoks zur Verwendung in Zentralheizungsanlagen entschieden als das geeignetste Brennmaterial.
Konstruktion der Kessel ist in erster Linie für Koksfeuerung
eingerichtet.«

Nr. 41: »Gaskoks wird bei unseren Kesselanlagen meist
verwandt und hat zu Anständen keine Veranlassung gegeben.«

Nr. 55: »Gaskoks wird sogar meistens als das zweck-
mäfsigste Brennmaterial empfohlen. In den von uns kon-
struierten Kesseln wird nur Gaskoks gebrannt und liefern wir
nur auf Wunsch Kessel mit Halbgasfeuerung für Braunkohlen.«

Nr. 56: »Wir empfehlen unsern Bestellern stets Gaskoks,
wenn der Zechenkoks mehr als 15 Pf. pro Zentner teurer ist.«

Nr. 59 bemerkt auf die Frage: Halten Sie Gaskoks allgemein zur Verwendung in Zentralheizanlagen für geeignet?

»Nicht im allgemeinen, sondern stets.«

Nr. 64: »Führe fast nur Gaskoksfeuerungen aus.«

Nr. 77: »Gaskoks ist im allgemeinen das beste Brenn-material für Zentralheizungen und wird seit Jahrzehnten dazu verwendet. Bei guten Zugverhältnissen wird auch Zechen-koks mit Erfolg angewendet. Gaskoks ist in den Kessel-systemen, welche ich hier bis jetzt verwendet habe, stets ver-wendbar.«

Ich komme nun zur Besprechung der letzten drei Fragen Nr. 6, 7 und 8, die ich gemeinsam behandeln kann, da sie sich alle auf die Einzelheiten der Kesselkonstruktion beziehen.

Diese lauten:

6. Sind für die Verwendung von Gaskoks bei Ihrem Kesselsystem besondere Rücksichten genommen und welche?

7. Halten Sie Veränderungen Ihres Kesselsystems bei Verwendung von Gaskoks für erforderlich und welche?

8. Empfehlen Sie zur Erleichterung des Abschlackens wasser-gekühlte Roste oder andere Mittel?

Aus der Tafel ist zu ersehen, dafs unter den Firmen viele sind, die bei ihrer Kesselkonstruktion auf die Verwen-dung von Gaskoks besondere Rücksicht nehmen, die darin besteht, dafs

1. der Füllraum der Kessel entsprechend der geringeren Dichte des Gaskokses gröfser gewählt wird;

2. dafs die Ausmafse für Heiz- und Rostfläche dem Heizwert des Gaskokses entsprechend gewählt werden;

3. dafs man zur Erleichterung des Schlackens den Rost durch entsprechend grofse Feuertüren leicht zugäng-lich macht;

4. dafs man zur Verminderung der Schlackenbildung den Füllraum rings durch zirkulierendes Wasser kühl hält;

5. dafs man aus gleichem Grunde wassergekühlte Roste verwendet.

Zu diesen Punkten ist ergänzend zu bemerken: Aus den Fragebogen ist zu entnehmen, daſs für die Heizung mit Gaskoks vorwiegend guſseiserne Gliederkessel mit sog. Kontaktfeuerung verwendet werden, d. h. mit Anordnung der Heizflächen in der Weise, daſs der über der Glut liegende gröſste Teil dieser Flächen vom Wasser umspült wird. Diese Gliederkessel bieten den Vorteil, daſs man durch Anfügung der entsprechenden Zahl von Kesselgliedern leicht die für Gaskoks erforderliche Rost- bzw. Heizfläche herstellen kann. Wie Nr. 56 mitteilt, sind etwa 90% aller freistehenden Zentralheizungkessel mit Wasserrosten ausgestattet. Weitaus die überwiegende Zahl der Antworten spricht sich für wassergekühlte Roste aus; 14 halten jedoch Wasserroste nicht unbedingt für erforderlich, 13 sprechen sich dagegen aus. Unter diesen möchte ich eine besonders hervorheben, weil sie zu denen gehört, die ihre Kessel in erster Linie für Gaskoks eingerichtet haben und auch Gaskoks als das geeignetste Brennmaterial empfehlen. Es ist dies Nr. 33. Sie schreibt: »Wassergekühlte Roste schlacken bekanntlich mehr wie eingelegte Planroststäbe. Auſserdem haben ₍die letzteren den groſsen Vorteil, daſs der eine oder andere Stab, wenn erforderlich, ohne Schwierigkeiten und mit geringen Spesen ausgewechselt werden kann.« Nr. 40 hebt hervor, daſs bei wassergekühlten Rosten die Ablagerungsflächen für die Asche zu groſs werden und dadurch die Schlackenbildung nur befördert werde. Diesen abfälligen Urteilen gegenüber sind aber die günstigen Urteile weitaus überwiegend, und wenn vielleicht eine Einschränkung hinsichtlich der Anwendung wassergekühlter Roste zu treffen ist, so ist es die, daſs sie für kleine Kessel und an für und für sich wenig schlackende Kokssorten, d. h. Kokssorten mit schwer schmelzbaren Aschen, nicht notwendig sind. Für stärker schlackende Koksarten aber sind wassergekühlte Roste sicherlich ein vorzügliches Mittel, um sie für Zentralheizungen verwendbar zu machen.

Faſst man schlieſslich nochmals die Gesichtspunkte zusammen, die sowohl seitens der Gaswerke als seitens der Zentralheizungsfirmen zu beachten sind, so ist folgendes anzuführen:

I. Seitens der Gaswerke:

1. Soweit möglich, Erzeugung des Zentralheizungskokses in grofsen Destillierräumen, insbesondere in Vertikalretorten, Kammeröfen u. dgl.

2. Möglichste Verwendung gewaschener Nufskohle zur Gasbereitung.

3. Regelmäfsige Untersuchung der Gaskohlen auf Aschengehalt des Gaskokses, auf Heizwert, Aschengehalt und Schmelzbarkeit der Asche; Beschwerden bei zu hohem Aschengehalt der Gaskohlen, Aufklärung der Heizfirmen über Heizwert und Aschengehalt des Gaskokses.

4. Lieferung des Zentralheizungskokses in möglichst gleichmäfsiger Beschaffenheit.

5. Sorgfältige Sortierung und Lagerung und bequeme Zustellung des an die Zentralheizungen zu liefernden Kokses.

II. Seitens der Zentralheizfirmen:

1. Berechnung bzw. Wahl der dem Raumgewicht, dem Heizwert und Aschengehalt des betreffenden Gaskokses entsprechenden Heizfläche und freien Rostfläche.

2. Bemessung des Füllraums entsprechend dem Raumgewicht und Heizwert des Gaskokses.

3. Genügende Gröfse der Feuertüren bzw. Rücksichtnahme auf eine bequeme Entschlackung der Feuerung.

4. Bei freistehenden Kesseln: Zirkulieren des Wassers um den Feuerraum (Kontaktfeuerung).

5. Bei Kokssorten mit leicht schmelzbarer Asche ist für nicht zu kleine Kessel Anwendung von Wasserrosten zu empfehlen.

Wenn von beiden Seiten die obigen, aus den Fragebogen sich ergebenden Gesichtspunkte nach Möglichkeit eingehalten werden und beide Teile danach streben, sich gegenseitig in die Hand zu arbeiten, so zweifelt ihre Kommission nicht daran, dafs der Gaskoks als Feuerungsmaterial auch bei den Zentralheizungen immer mehr Eingang und Verbreitung finden wird.

Nr.	Name und Sitz der Firma	Gaskoks im allgemeinen geeignet?			Un... na...
		nein	be-dingt	ja	nein
1	C. Nolte, Hannover	—	—	1	—
2	F. Küppersbusch & Söhne, A.-G., Schalke i. W.	—	—	2	—
3	G. Kuntze, Göppingen	—	—	3	—
4	R. O. Meyer, Berlin	—	—	4	—
5	Markus Adler, Berlin	—	—	5	—
6	Schwabe & Reutti, Berlin	—	—	6	—
7	Friedr. Boos, Köln	—	—	7	—
8	G. Raven Nachf., Leipzig	—	—	8[1])	—
9	H. Liebau, Magdeburg	—	—	9	—
10	E. A. Kraus, Köln	10	—	—	—
11	M. Kampf & Co., G. m. b. H., Plauen i. V.	—	11[1])	—	—
12	Maschinenfabrik Wiesbaden, G. m. b. H., Wiesbaden	—	12[1])	—	—
13	E. Möhrlin, Stuttgart	—	—	13[1])	—
14	Udet & Baer, München	—	—	14	
15	C. Grönhagen, Stralsund	—	—	15	—
16	Ver. Maschinenfabriken Augsburg-Nürnberg A.-G., Nürnberg	—	—	16[1])	—
17	Fritz Käferle, Hannover	—	17[1])	—	—
18	Arendt, Mildner & Evers, Hannover-Vahrenwald	—	18[1])	—	—
19	Fr. Brombach, Freiburg i. B.	—	19[1])	—	19
20	J. S. Fries Sohn, Frankfurt a. M.	—	20[1])	—	—
21	W. Zimmerstädt, Elberfeld	—	21[1])	—	—
22	H. Rösicke, Berlin	—	22	—	—
23	E. Angrick, Berlin	—	23[1])	—	23
24	Gebr. Mickeleit, Köln	—	—	24	—
25	Gebr. Körting, A.-G., Filiale Dresden	—	—	25	—
26	F. Oswald, Dresden	—	26[1])	—	—
27	Schneider & Sohn, Konstanz	—	27[1])	—	—
28	H. v. Höfsle, München	28	—	—	—
29	H. Recknagel, München	—	29[1])	—	—
30	Gebr. Reinartz, Troisdorf	—	—	30	—
31	L. F. Müller, Magdeburg	—	—	31	—
32	David Grove, Berlin	—	32[1])	—	—
33	Nationale Radiatorgesellschaft m. b. H., Berlin	—	—	33[1])	—
34	A. Niederstetter & Cie., Breslau	—	—	34	—
35	H. Korte, Kassel-Wahlershausen	—	35[1])	—	35
36	P. Liebau, Danzig	—	—	36[1])	—
37	Zilling & Voigt, Döbeln	—	—	37	—
38	Francke & Micklich, Dresden	—	—	38	—
39	Sachse & Co., Halle a. S.	—	—	39	—
40	O. Wohlaug, Hamburg	—	40[1])	—	—
41	Zentralheizungswerke, A.-G., Leipzig	—	—	41[1])	—
42	Minsapost & Prauser, Breslau	—	—	42	—
43	H. Kämnitz, Chemnitz	—	—	43	—

Brauchbarkeit des Kokses nach Kohlensorten:						Welche Sorten sind ohne weiteres verwendbar?
Engl.	Ruhr	Schles.	Saar	Sächs.	Verschiedene	
—	—	—	—	—	Hannoverer gut	—.
—	—	—	—	—	{ je nach Heiz- wert und Aschengehalt[1] }	—
—	—	—	—	—	—	alle von guten Sorten
Verschiedenheit der Schlackenbildung und des spez. Gewichts						{ nicht genügend bekannt }
—	—	—	—	—	unbekannt	unbekannt
{ wenig Schlacken }	deutsche Kohlen mehr oder weniger Schlackenbildung					—
—	gut	—	weniger	—	—	Ruhrkoks[1]
—	—	—	—	—	—	bei gutem Zug alle
—	—	—	—	—	—	—
—	—	—	—	—	—	—
—	sehr gut	gut	—	{ zu viel Schlacke }	—	—[2])
—	—	—	{ gut und schlecht }	—	—	—
unterscheidet sich nur durch mehr oder weniger Rückstand						alle
—	—	—	{ sehr brauchbar }	—	—	z. B. Münchener
—	—	—	—	—	—	—
—	—	—	—	—	—	—
oft starke Schlackenbildung, besonders im Osten					Hannover gut	z. B. Hannoverer[2])
{ wenig Schlacke }	schlackt	—	—	—	—	—
mehr oder weniger Schlacke					—	—
kaum Unterschiede, wenn die Kohle nicht zu stark ausgegast						—
—	—	gut	—	—	—	jeder gute Gaskoks / { z. B. Gaswerk Dresden-Neustadt }
—	—	gut	—	minder	Böhm. schlecht	{ Schles. ist besser als Böhm. und Sächs. }
bedeutend je nach Qualität der Kohle					—	Saar, Ruhr, Engl.
—	—	—	—	—	—	Münchener ungeeignet
große Unterschiede im Aschengehalt und Heizeffekt						keine[3])
Verschiedenheit der Schlackenbildung				—		—
—	—	—	—	—	—	z. B. Magdeburger
—	—	—	—	—	—	—
—	—	{ Kattowitz viel Schlacken }	—	—	{ Berliner gut (7530 WE) }	alle[2])
—	—	gut	—	—	—	—
allgemein gleichwertig, viel Schlackenrückstände						—
—	—	—	—	—	—	—
—	—	—	—	—	{ Hänische Kohle schlecht }	—
—	—	gut	—	minder[1]	—	—
—	—	—	—	—	—	Güte hat nachgelassen[1])
Gaskoks aus Magerkohle am reinsten						alle[1])
—	—	—	—	—	—	Schles. jedenfalls
—	—	—	—	—	—	Magdeburger gut

Beschaffenheit zu verbessern nach:				Ist Gaskoks in Ihrem Kesselsystem o. w. verwendbar und zu empfehlen?				Besondere Rücksicht Kesselkonstrukti	
Sorte	Härte	Asche und Schlacke	Sortierung	nein	bedingt	ja	bevorzugt	keine	ja, und zw
—	—	—	—	—	—	—	1¹)	1	—
—	—	—	—	—	—	2	—	2	—
—	—	3	—	—	—	3	—	3	—
—	—	—	—	—	—	4¹)	—	—	von allen Seiten gekühlter Fül
—	5	—	—	—	—	5	—	5	—
—	—	—	—	—	—	—	6	6	—
Saar u. Aachener	7	7	—	—	—	7	—	—	schmiedeis. Satt mit grofsem Füll grofser Feue
—	—	—	—	—	—	8	—	8	—
—	9	9	8—10 cm Korn	—	9¹)	—	—	—	grofse Rostfläch Kühlung
—	—	—	—	10	—	—	—	—	—
—	—	—	—	kein eigenes System				—	Wahl geeigneter systems
—	—	—	—	—	12²)	—	—	—	—
—	13	—	—	—	—	13	—	—	Belastung pro sprechend abzu spezielle Feue
—	—	14	—	—	—	14¹)	—	—	gröfsere Heiz-u. R
—	—	15	—	—	—	15	—	15	—
—	—	—	Nufsgröfse	—	—	16	—	—	entsprech. Rost
—	—	—	—	—	—	17	—	—	grofse Rostflä
—	—	—	—	—	18¹)	—	—	18	—
—	—	—	—	—	19¹)	—	—	—	entsprechende des Roste
alle	—	—	—	—	20¹)	—	—	—	grofse Rostfl
—	21	21	—	—	21¹)	—	—	—	enge Rostspalte taktfeueru
—	22	—	faustgrofse Stücke	—	22¹)	—	—	—	—
alle²)	—	—	—	—	23¹)	—	—	23	—
		möglichst wie Zechenkoks		—	—	24	—	24	—
Dresd.Reick	25	schlechter Heizwert		—	—	25	—	—	speziell für Ga
Böhm.-Sächsisch	26	26	—	—	—	26	—	—	öfteres Schlacke Reinhalten des
do.	27	27	—	—	27¹)	—	—	27	—
—	—	—	—	28	—	—	—	—	—
		konstante Qualität!		—	29²)	—	—	—	grofse Füllsch
—	—	—	gröfstes Korn	—	—	30	—	—	es werden 600 pro qm angeno
—	—	—	—	—	—	31	—	31	—
—	—	—	40—60 mm Korn	—	32¹)	—	—	32	—
—	—	—	—	—	—	—	33	—	grofser, wasserun Füllraum
—	—	—	—	—	—	34¹)	—	34	—
—	—	—	—	—	—	35¹)	—	—	—
—	—	—	—	—	—	—	—	—	Konstruktion Material anzup
—	37	37	4—6 cm Korn	—	37¹)	—	—	37	—
—	—	—	—	—	—	38	—	38	—
—	—	—	—	—	39¹)	—	—	—	—
alle	40	keine Schiefer	je nach Kesselgröfse	—	40¹)	—	—	—	grofse, freie Ros schwacher
—	—	—	—	—	—	—	41¹)	—	wassergekühlte
—	—	—	—	—	—	42	—	42	—
—	—	43	—	—	—	43	—	43	—

n	nicht nötig	ja	Veränderung am Kessel nötig?	Nr.	Bemerkungen
	1	—	nein	1	¹) Weil er Rost und Kessel nicht so stark angreift wie Hüttenkoks.
·	—	2	nein	2	¹) Empfiehlt zur Beurteilung der Brauchbarkeit Heizwert- und Aschenbestimmung.
3	—	—	nein	3	
·	—	4²)	nein	4	¹) Ob Gas- oder Hüttenkoks, ist von einer vergleichenden Kostenrechnung abhängig. ²) Mit Ausnahme der Kleinkessel.
·	—	5¹)	nein	5	¹) Bei Kleinkesseln nicht erforderlich.
·	—	6	nein	6	
·	—	—	nein	7	¹) Andere Sorten geben keine genügende Wärme und schlacken zu viel.
·	—	8	nein	8	¹) Bei Füllschachtfeuerungen.
·	9²)	—	nein	9	¹) Verwendbar, aber nicht immer empfehlenswert, weil Qualität zu wechselnd. ²) Nicht unbedingt nötig, gute Luftkühlung genügt.
·	—	—	—	10	
·	—	11	—	11	¹) Je nach Preis. ²) Ruhrkoks erfordert sehr guten Zug; höchster Brennwert, schlackt wenig.
·	—	12	—	12	¹) Je nach Qualität und Preis. ²) Bei schmiedeisernen Kesseln kann auf Gaskoks Rücksicht genommen werden, bei Gußkesseln wird für die Garantie Hüttenkoks zugrunde gelegt, da Gaskoks zu ungleich.
3	—	—	—	13	¹) Genau so gut wie Zechenkoks.
·	—	14	—	14	¹) In jedem Kesselsystem verwendbar, aber nur zu empfehlen, wenn entsprechend billiger.
·	—	15	—	15	
·	—	16²)	nein	16	¹) Gut verwendbar. ²) Nur bei gußeisernen Kesseln.
·	—	17	nein	17	¹) Sofern Schlackenbildung nicht über 6%. ²) Durch Wahl der richtigen Zahl Kesselglieder.
3	—	—	nein	18	¹) Sofern nicht zu starke Schlackenbildung, was häufig vorkommt. ²) Koks verschiedener Gaswerke sehr verschieden, z. B. Hannover, Lahr in Baden gut, Ost- und Westpreußen häufig schlecht.
·	19²)	—	—	19	¹) Wo aufmerksame Bedienung vorhanden ist. ²) Hilft etwas, aber ungenügend.
0	—	—	nein	20	¹) Nur für größere Anlagen, da öfters Entschlacken, somit dauernde Bedienung erforderlich.
·	—	21	—	21	¹) Nur wo besonders billig und schlackenfrei.
·	—	22	nein	22	¹) Bei Wasserrosten immer.
—	23	—	nein	23	¹) Wenn gesiebt, also die klare Masse ausgeschieden ist und nicht zu viel Schlacken. ²) Alle Sorten liefern mehr oder weniger leicht backende Schlacken.
·	—	24	nein	24	
·	—	25	nein	25	
6²)	—	—	nein	26	¹) Bei gutem Zug, sonst Mischung mit ⅓ Braunkohle. ²) Haben nicht viel Zweck, brechen leicht.
·	—	27²	nein	27	¹) Nur ist Hüttenkoks immer zu empfehlen, da er bedeutend besser ist. ²) Schlacke bildet sich nicht am Rost, sondern im Füllschacht.
3¹)	—	—	—	28	¹) Ein Zentralheizungskoks soll überhaupt keine Schlacken bilden.
·	—	29	nein	29	¹) Bei guter Qualität ohne Zweifel. ²) Weil stets wechselnde Qualität. ³) Nur bei Garantie für konstante Qualität, sonst nehmen Prozesse kein Ende.
·	30¹)	—	nein	30	¹) Gaskoks läßt sich überall verwenden, wenn nur die Kessel groß genug sind.
·	—	31	nein¹)	31	¹) Verwendet die bekannten Strebelschen gußeisernen Gliederkessel.
·	—	—	nein	32	¹) Vorausgesetzt daß frei von Grus, gut gesiebt, 40—60 mm Korngröße.
3³)	—	—	nein	33	¹) Bestes Brennmaterial. ²) Je nach Kohlenqualität und Herstellung verschieden. ³) Schlacken mehr wie Planroste. Letztere können leicht ausgewechselt werden.
·	—	34	nein	34	¹) Namentlich die gröberen Sorten.
·	35²)	—	nein	35	¹) Für kleinere Anlagen bis 5 qm Heizfläche. ²) Nicht immer.
·	—	36²)	—	36	¹) Gaskoks in Stückgröße 6—8 cm eignet sich durchweg recht gut. ²) Auswechselbar.
·	—	37	—	37	¹) Wenn Gaskoks gut ist. Die Mischung mit minderwertigen Sorten (Hänisch) ist zu unterlassen.
3	—	—	nein	38	¹) Allen Kokssorten, welche stark schlacken, setzen wir gute böhm. Braunkohle (Briketts) zu.
·	—	39	—	39	¹) Hüttenkoks bevorzugt. Gaskoks, weil minderwertig, ist zu teuer.
0	—	—	—	40	¹) Wenn gut gesiebt und frisch verwendet. Korn nach Kesselgröße 30×50, 40×60, 50×70 mm.
·	—	41	nein	41	¹) Derselbe wird bei unseren Kesseln meist verwandt. Keine Anstände.
·	—	42¹)	nein	42	¹) Auch auf jedem andern Rost mit Vorteil verwendbar.
3	—	—	nein	43	

44	O. Wohlfahrth, Chemnitz	—	—	44
45	R. Hartwig, Dresden	—	—	45
46	H. Liebold, Dresden	—	—	46
47	F. Halbig, Düsseldorf	—	—	47
48	B. Schramm, G. m. b. H., Erfurt	—	48[1]	—
49	G. Müller, Essen	—	—	49
50	J. L. Bacon, Frankfurt a. M.	—	—	50
51	Dicker & Werneburg, Halle a. S.	—	—	51
52	Herrlein & Schoppe, Hamburg	—	52[1]	—
53	Zentralheizungswerke, A.-G., Hannover-Hainholz	—	53[1]	—
54	Paul Dunker, Hohenlimburg	—	—	54
55	Gebr. Körting, A.-G., Bureau Leipzig	—	—	55[1]
56	Käuffer & Co., Mainz	—	—	56
57	E. Sturm, Würzburg	—	57[1]	—
58	Löhr & Hansen, Braunschweig	58	—	—
59	A. Senff, Hannover	—	—	59[1]
60	F. Ascher, Berlin	—	—	60
61	J. L. Bacon, Berlin	—	—	61
62	E. Kelling, Berlin	—	—	62
63	Rietschel & Henneberg, G. m. b. H., Berlin	—	63[1]	—
64	Oskar Aust, Berlin	—	—	64
65	C. F. Biesel & Co., Berlin	—	—	65
66	Gebr. Körting, A.-G., Berlin	—	—	66
67	Aktien-Gesellschaft Schäffer & Walcker, Berlin	—	—	67
68	Flach & Callenbach, G. m. b. H., Berlin	—	—	68
69	Singer & Co., Königsberg	—	—	69
70	R. Knoke, Dresden	—	—	70[1]
71	C. W. Schmidt, Berlin	—	71[1]	—
72	Zentralheizungswerke, A.-G., Frankfurt a. M.	—	72[1]	—
73	Hallesche Röhrenwerke, G. m. b. H., Halle a. S.	—	73[1]	—
74	M. Hammer, Leipzig	—	—	74
75	Gebr. Sulzer, Ludwigshafen a. Rh.	—	—	75
76	Strebelwerk, G. m. b. H., Mannheim	—	—	76
77	H. Kisting, G. m. b. H., Spandau	—	—	77[1]
78	G. Huber, Straßburg	—	—	78
79	G. Horst, Bonn	—	79[1]	—
80	Gebr. Posselius, Mülhausen	—	—	80
81	Einhardt & Auer, München	—	—	81
82	Warns-Gaye & Block, Hamburg	82	—	—
83	R. O. Meyer, Hamburg	—	—	83

—	je nach Kohle und Vergasungsweise verschieden						{ Saar, Ruhr, Sachsen und Schlesien }
—	—	{ gut, nur Asche }	—	—	{ glasige Schlacke }	—	Sächs., Ruhr¹)
—	gut	gut	gut	—	—	—	Ruhr, Schles., Engl.
17	—	wechselnd	—	—	—	Düsseldorf. gut	—
—	—	—	am besten	—	—	—	fast alle
19	—	gut	—	—	—	—	—
—	Schlackenbildung und Reinheit verschieden						staubfreie
51	—	—	—	—	—	—	—
—	—	—	—	—	—	—	feste Kokse
—	oft sehr verschieden im Heizwert, Schlacken- und Aschengehalt						wohl alle
54	—	gut	—	—	—	—	z. B. Ruhrkoks
—	für hohen Zug	—	—	—	{ bei geringem Zug }	—	fast alle
—	—	—	—	—	—	—	alle
57	—	—	—	—	—	—	—
—	—	—	—	—	—	Hildesheimer u. Quedlinb. teilweise	{ ohne Mischung mit Braunkohle keine }
—	—	gut	gut	gut	gut	—	—
60	—	—	—	—	—	Berliner gut, nur Lagerkoks schlecht	alle
—	teils sintern, teils backen, teils zu geringen Heizwert						Ruhr meist gut
—	—	—	—	—	schlackt	—	—
63	—	—	—	—	—	—	—
—	—	—	—	—	—	—	—
65	—	—	—	—	—	—	—
—	Gaskoks verschiedener Gasanstalten sehr verschieden						—
—	gut	gut	gut	gut	weniger	Böhm. schlecht	{ alle aufser Sachsen und Böhmen }
58	—	—	—	—	—	—	z. B. Berliner
—	gut	—	—	—	—	—	—
—	—	gut	gut	—	schlecht	—	Ruhr, Schlesien
—	—	—	—	—	—	—	{ alle, nur Wert sehr schwankend }
—	gut	gut	gut	—	{ greift Kessel an }	—	Ruhr, Schles., Engl.
—	—	—	—	—	—	—	Hüttenkoks¹)
—	—	gut	—	gut	—	—	Saar und Ruhr
—	verschieden in Schlackenbildung und Dichte						—
—	beste	—	—	—	—	—	alle Sorten
78	—	—	—	{ zu viel Schlacke }	—	—	alle
79	—	—	—	—	—	—	—
—	—	—	—	—	—	—	{ alle, welche grofsstückig und wenig Asche }
—	—	—	—	—	—	—	—
—	—	—	gut	—	—	—	—
—	—	—	—	—	—	—	—

—	—	—	—	—	—	44	—	44	
—	—	—	—	—	—	45	—	—	
—	—	46	—	—	—	46	—	—	{ wasserumspülte raum
—	—	—	—	—	—	47¹)	—	47	
—	—	—	—	—	—	48¹)	—	—	besonders für G...
—	49¹)	—	—	—	—	49²)	—	—	{ Rostfläche grofs, trichter besonde...
—	—	50	50—60 mm	—	—	50	—	—	
—	—	—	—	—	—	51	—	51	
—	52	52	faustgrofs	—	52²)	·	—	52	
—	—	—	—	—	—	53	—	—	Gliederkess...
Ruhr¹)	—	54	—	—	54²)	—	—	—	doppelte Heiz...
—	—	—	—	—	—	—	55¹)	—	{ grofser Füllschac... für Gaskoks be...
alle	56	56	—	—	—	—	56¹)	56	
—	—	57	—	—	—	57	—	—	gufseiserner Glie...
—	—	—	—	58¹)	—	—	—	58	—
alle	59²)	59	—	—	—	—	—	59	bequeme Entsch...
—	—	—	—	—	—	—	—	—	{ Gufskessel mit... Füllraum
—	—	—	—	—	—	61	—	—	besondere Ros...
—	—	—	—	—	—	62	—	62	
—	—	—	—	—	63	—	—	63	
—	—	—	faustgrofs	—	—	—	64	—	grofse Rostfl...
—	—	—	—	—	—	65	—	—	
—	—	—	—	—	—	66	—	—	wassergekühlte
{ Sachsen, Böhmen }	—	—	—	—	—	67	—	—	guter Zug...
—	—	—	—	—	—	68	—	—	Wasserros...
—	—	—	—	—	—	69¹)	—	—	Nationalkess...
{ Plauen u. Zwickau }	—	—	—	—	—	70	—	—	Plauenrost, Schüt...
—	—	—	{ 40—60 mm grusfrei }	—	71¹)	—	—	71	—
Saar	72	—	—	—	72¹)	—	—	—	Wasserros...
—	{ mittlere Härte }	73	—	—	73¹)	—	—	—	gröfsere Heizfl...
—	74	74	—	—	—	74	—	74	—
—	—	—	—	—	75¹)	—	—	—	Zugänglichkeit de...
—	—	—	—	—	76¹)	—	—	—	{ wassergekühltes magazin und...
—	{ nicht zu hart }	77	—	—	—	—	77¹)	—	genügende Lufta...
—	—	78	—	—	78¹)	—	—	—	{ Wasserroste, gr... Füllraum, bequ... Schlackung...
alle	—	—	—	—	—	79	—	79	—
—	—	80	grofsstückig	—	—	80	—	80	—
—	—	—	—	—	—	81	—	81	{ bei Siederohrke... auswechselbarer
—	—	{ Schlack.- Heizwert }	—	82¹)	—	—	—	—	grofse Füllmaga...
—	mittlere	83	5—7 mm Korn	—	—	83	—	—	Strebelkesse...

—	—	44[1])	nein	44	[1]) Wenn Koks staubfrei, genügt Zusatz von Braunkohle oder Torf.
—	—	—	—	45	[1]) Sächsischer Koks mit Braunkohle gemischt bewährt sich gut Ruhrkoks durch die Fracht zu teuer.
—	—	46[1])	nein	46	[1]) Oder Hartgufsroststäbe und Wasserpfanne im Aschenfall.
—	—	—	nein	47	[1]) Ich richte meine Feuerungen meist so ein, dafs Gaskoks verwendet werden kann, und empfehle es auch zu tun.
—	—	48	—	48	[1]) In unseren patentierten Caloriakesseln ohne weiteres.
	49	—	nein	49	[1]) Bei grofsen Quantitäten viel Abfall. [2]) In meinen Kesseln seit Jahren gebrannt.
—	—	50	nein	50	
—	1[1])	—	nein	51	[1]) Haben mit den seither verwendeten Rosten keine Schwierigkeiten gehabt.
—	—	52	nein	52	[1]) Empfiehlt Beimischung von Hüttenkoks. [2]) Bei Gegenstromkesseln ja, doch erhöhte Bedienung.
—	—	53	nein	53	[1]) Für Füllschachtfeuerungen ebensogut wie Hüttenkoks.
—	—	—	nein	54	[1]) Viel Asche, Schlacken mehrmals am Tage erforderlich. [2]) Bei aufmerksamer Bedienung.
—	—	55	nein	55	[1]) Wird meistens als zweckmäfsigstes Brennmaterial empfohlen.
—	—	56	nein	56	[1]) Empfehlen stets Gaskoks, wenn Zechenkoks mehr als 15 Pf. pro Zentner teurer ist.
—	—	57	nein	57	[1]) Häufigeres Abschlacken notwendig.
—	—	—	—	58	[1]) Zentralheizungskoks darf nie schlacken, weil Bedienung zu sehr erschwert.
—	—	59	nein	59	[1]) Nicht nur im allgemeinen sondern stets. [2]) Etwas mehr Härte, doch nicht zu viel.
)	—	—	—	60	
—	—	61	nein	61	
2	—	—	nein	62	
—	—	63 .	nein	63	[1]) Wenn gut.
64	—	—	—	64	[1]) Stark schlackende Kokse sind lästig für den Betrieb und zerstören die Roste.
—	—	65	nein	65	
—	—	66	nein	66	
—	—	67[1])	nein	67	[1]) Bei gutem Koks und richtiger Anlage nicht nötig.
—	—	68	—	68	
—	—	—	—	69	[1]) In »Nationalkesseln«; empfehlen stets trocknen Koks zu verwenden.
—	—	70	nein	70	[1]) Gaskoks gemischt mit ⅓ Braunkohle.
—	71	—	nein	71	[1]) Grus verschlackt den Rost und mufs beseitigt werden.
—	—	72	nein	72	[1]) Für schmiedeiserne Kessel mit grofser Feuer- und Aschentüre ja. Für kleine Gufskessel Hüttenkoks besser.
—	—	73	—	73	[1]) Falls nicht zu weich und flockig; Nutzwert: Gaskoks 3000—3200, Schmelzkoks 4000 WE.
—	74	—	nein	74	[1]) Nicht jede Sorte Gaskoks geeignet, gibt ft zu viel Schlacken.
—	—	75	nein	75	[1]) Wenn richtige Korngröfse, staubfrei und trocken.
—	—	76	nein	76	[1]) Ob Gas- oder Hüttenkoks hängt von Berechnung ab. Strebelkessel seit 12 Jahren mit Gaskoks bewährt.
—	77	—	nein	77	[1]) Gaskoks bestes Brennmaterial.
—	—	78[2])	—	78	[1]) Für kleine Anlagen wegen erhöhter Bedienung Hüttenkoks. [2]) Nur bei Gufskesseln.
)[2])	—	—	—	79	[1]) Aber nicht zu empfehlen [2]) Statt Gaskoks ist hierfür Hüttenkoks zu verwenden.
)	—	—	nein	80	
—	—	81	nein	81	
2	—	—	ja	82	[1]) Verwendbar, aber nicht zu empfehlen.
—	—	83	nein	83